职业教育创新创业系列教材

创意盘饰设计

——果酱盘饰

主　编　韦小延　付　强　吕捷霞

電子工業出版社
Publishing House of Electronics Industry
北京·BEIJING

内容简介

本教材着眼于学生职业素养和职业技能的全面发展和可持续性发展，以强化职业技能、创新能力、鉴赏能力、团队协作能力为目标，具有基础性、通识性、素质性、实践性的特征。本教材以学生为主体，以教师为主导，带领学生“在做中学，在学中做”。本教材分为盘饰基础、拉线技法、抹绘技法、分染技法、混搭盘饰五大教学模块，教学结构由浅入深，循序渐进，层次分明，重点突出。本教材教授的盘饰设计图例立足于清爽、简洁、实用的观点，力图做到顺应现代厨房更高效、更快捷、更时尚、更具艺术性的需求。

本教材既可作为全国应用型本科院校、高职院校、中职院校和各类培训机构相关专业的学生用书，也可作为广大盘饰设计爱好者的自学参考书。

图书在版编目（CIP）数据

创意盘饰设计：果酱盘饰 / 韦小延，付强，吕捷霞主编． — 北京：电子工业出版社，2021.1
ISBN 978-7-121-40315-6

Ⅰ．①创… Ⅱ．①韦… ②付… ③吕… Ⅲ．①果酱－装饰雕塑－职业培训－教材 Ⅳ．① TS972.114

中国版本图书馆 CIP 数据核字（2020）第 266280 号

责任编辑：祁玉芹
印　　刷：中国电影出版社印刷厂
装　　订：中国电影出版社印刷厂
出版发行：电子工业出版社
　　　　　北京市海淀区万寿路 173 信箱　　邮编：100036
开　　本：787×1092　1/16　印张：5.5　　字数：120 千字
版　　次：2021 年 1 月第 1 版
印　　次：2024 年 1 月第 4 次印刷
定　　价：29.80 元

凡所购买电子工业出版社图书有缺损问题，请向购买书店调换。若书店售缺，请与本社发行部联系，联系及邮购电话：（010）88254888，88258888。

质量投诉请发邮件至 zlts@phei.com.cn，盗版侵权举报请发邮件至 dbqq@phei.com.cn。
本书咨询联系方式：qiyuqin@phei.com.cn。

编 委 会

主　编　韦小延　付　强　吕捷霞

副主编　谭顺捷　黄　河　马莲芝　雷　鸣

赖明喜　孟　新　黄敬联　覃蔚宁

参　编　黄新添　农舒婷　凌美娥　韦湘琴

甘文健　邓萌杰　潘仁安　曾永南

袁德华　罗家斌　陆双有　李家全

李振华　严月葵

前 言 / INTRODUCTION

积极推进技工院校创新创业教育，是技工教育改革发展的必然要求。因此，积极推进技工院校创新创业教育，加强对技工院校学生创新思维和创业意识、能力的培养，向社会输送高素质的综合型人才，是技工院校改革发展的迫切需要，是助力地区经济发展的需要。为此，广西南宁技师学院组织教师开发了“创新创业系列教材”应用于实训教学，旨在使学生不断激发自己的创新思维，用创新思维去思考职业技能的发展及个人成长规划，提高综合职业能力，拓展未来的职业发展空间，综合提升学生的创新意识和创业精神。

烹饪本身就是一门艺术。近几年，经济的快速发展使得社会经济交往和商务活动增加，推动了餐饮业的发展。人们在讲究饮食的味觉享受的同时也更加注重菜肴的视觉艺术性，对盘饰艺术的要求也在不断地提升，菜肴装饰能力也就成为了一名厨师的必备技能之一。

创新是烹饪行业永恒的主题。随着社会生活的多样化、多元化，餐饮形式也呈现出百花齐放的局面。特别是我国加入世界贸易组织（WTO）之后，中式烹调和西方餐饮交流与借鉴增多，新的烹饪技术、新的餐饮食材、新的装盘理念快速地交汇融合，中餐大师们开始学习“中菜西做”“西为中用”，遵循“中餐为体，西餐为用”的原则，创新并改良出了一大批融合菜、意境菜。在菜肴点缀装饰方面，中餐大师们大胆借鉴西餐的酱汁点缀装盘的方法，并结合我国国画的表现手法，在传承中创新，运用酱汁、果酱在磁盘上作画，将果酱绘制的画卷、诗词的百里之势浓缩于盘子的咫尺之间，而食客们可以从盘子有限的空间中体味中式餐饮文化的博大精深。

本书在果酱盘饰烹饪教学实践中，着眼于学生职业素养与专业技能的全面发展和可持续性发展，以强化职业技能、创新能力、鉴赏能力、团队协作能力为目标，将授课内容分类为盘饰基础、拉线技法、抹绘技法、分染技法、混搭盘饰五大教学模块。通过对果酱盘饰课程的学习，使学生们技术更全面、更精益求精，综合素质更尽善尽美，更具有就业竞争力。

CONTENTS / 目 录

教学模块一：盘饰基础

教学模块二：拉线技法

教学模块三：抹绘技法

/ CONTENTS

CONTENTS /

教学模块一：盘饰基础

模块导学

一、教学目标

1. 知识目标：

（1）能够描述盘饰的意义；

（2）能够描述果酱盘饰的定义与优势；

（3）能够描述菜肴装盘的要求与原则。

2. 能力目标：

（1）能够独立调制彩色果酱，掌握彩色果酱的调配方法；

（2）能够掌握果酱盘饰常用工具的正确使用方法。

3. 情感目标：

逐步培养菜肴审美能力及良好的职业素养。

二、任务简介

本模块由四个任务组成，其中任务一是利用红色、黄色、蓝色三原色的调色原理调制间色（橙色、紫色、绿色等），掌握彩色果酱的调配方法。

任务二是运用果酱瓶将巧克力裱花拉线膏在盘子上拉出平行线、波浪线，使同学们掌握果酱瓶的使用方法。

任务三是将巧克力裱花拉线膏在盘子上绘制出五线谱的图案，使同学们熟练使用果酱瓶，为教学模块二的拉线技法做好铺垫。

任务四是将巧克力裱花拉线膏拉出心心相印的图案，并用红色、黄色两种彩色果酱进行上色。

这四个任务可以使同学们掌握盘饰简笔画技法的上色技术要领。

三、任务要求

1. 果酱调色要求色彩纯正、艳丽、光泽度好。
2. 绘制线条要求粗细匀称、走势流畅、比例和谐。
3. 盘饰上色要求涂层均匀适度、光泽感强。

盘饰基础知识

一、盘饰的意义

盘饰是菜肴品质的名片，是利用可食性原料装饰、点缀菜肴的方法。厨师通过具有艺术内涵的盘饰造型来提升烹饪艺术的内涵。

菜肴盘饰以原料的自然美、装饰美、工艺美、意境美来展现菜肴的视觉形象，可以提高菜肴的档次，烘托气氛，增加顾客的食欲。

二、菜肴装盘的原则

装盘是整个菜肴制作过程的最后一道工序，它直接影响到菜肴的形态美观和宾客的饮食情趣，合理的装盘能使菜肴的感观达到最佳。

菜肴装盘应遵循以下原则：

1. 菜肴的造型应与盘形相适应；
2. 菜肴的分量应与盘子的大小相适应；
3. 菜肴的品种应与盘子的质地相结合；
4. 菜肴的色彩应与盘子的色彩相协调。

三、菜肴盘饰的要求

菜肴盘饰的要求如下：

1. 注意清洁，讲究卫生，盘子须经过清洗、消毒，装饰材料须为可食用原料；
2. 盘饰的比例一般只能占整个盘子的1/3，不能喧宾夺主；
3. 盘饰要与菜肴的色调、造型般配，与盘子协调；
4. 盘饰的设计与构图要求简单、清爽、清秀、实用；
5. 盘饰的图案要吉祥、喜庆，要求与菜肴搭配和谐。

四、果酱盘饰的定义

果酱是把水果、糖及酸度调节剂混合后，熬制而成的凝胶物质。

果酱盘饰是结合我国国画的表现形式，用酱汁、果酱在盘子上绘制精美图案，或搭配其他的装饰材料组合成立体的造型来装饰菜肴的方法。

五、果酱盘饰的优势

1. 成本低廉，制作盘饰作品所需的果酱的成本较低；

2. 制作快捷，果酱盘饰技术难度低，可操作性强，盘饰设计立足于实用、快捷，制作时间都控制在 1~3 分钟；

3. 色彩艳丽，果酱盘饰的主要原料是水晶果膏，淡淡的果香加上五彩缤纷的色彩使成品绚丽高雅、光泽感强，更具有表现力；

4. 艺术感强，通过结合我国国画的表现形式制作盘饰，使整个菜肴更富有美感，更有艺术内涵；

5. 丰富味型，酱汁、果酱在美化菜肴的同时，还能为菜肴增味、添香，丰富菜肴的味型，提升菜肴的食用价值；

6. 装饰百搭，果酱盘饰可与面塑、雕刻、糖艺、插花等装饰手法混搭，为菜肴装饰锦上添花，也能为菜肴创新拓展思路。

六、果酱盘饰常用工具

【果酱瓶】

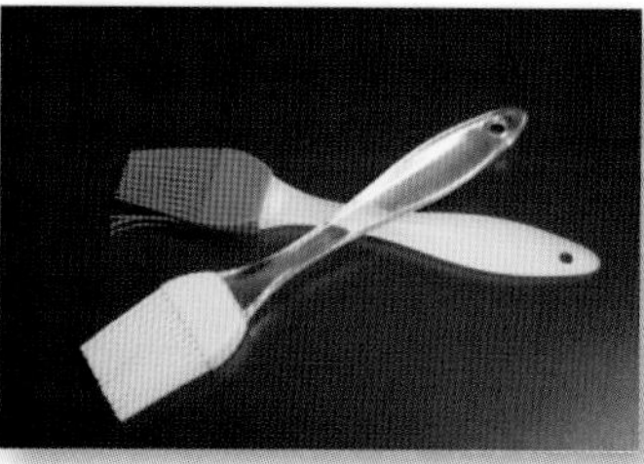
【果酱刷】

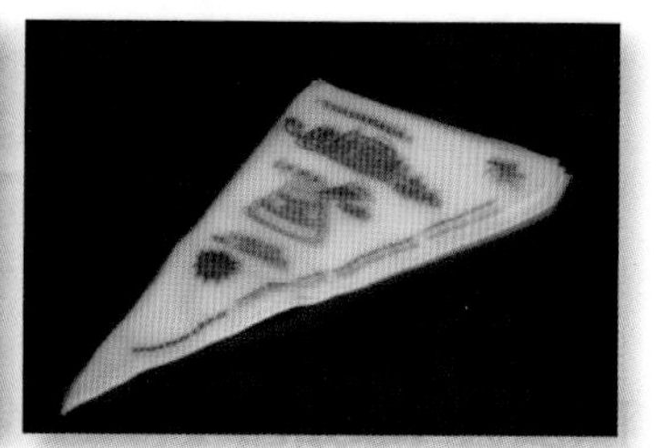
【裱花袋】

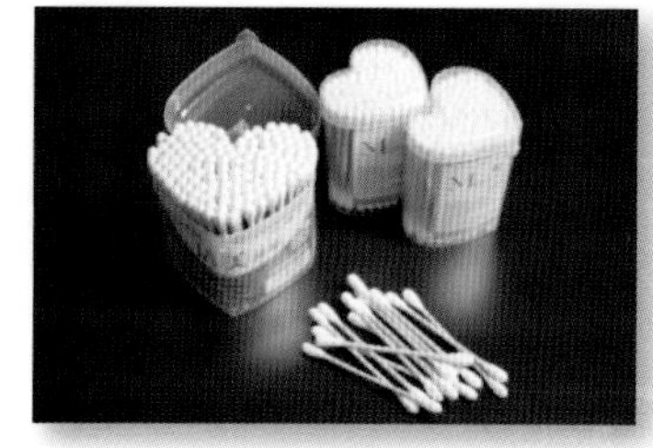
【棉签】

【牙签】

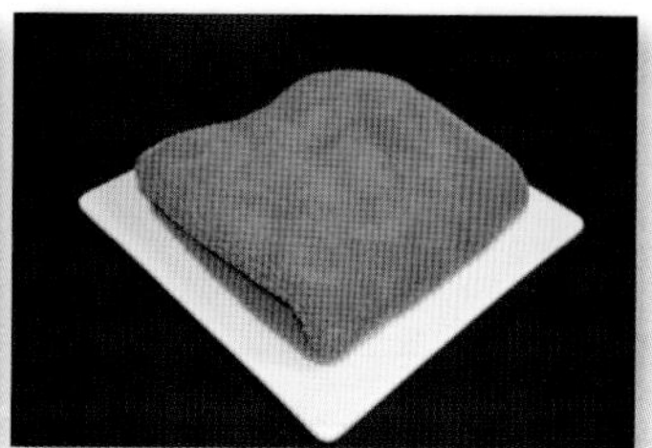
【毛巾】

【勾线笔】

【油画笔】

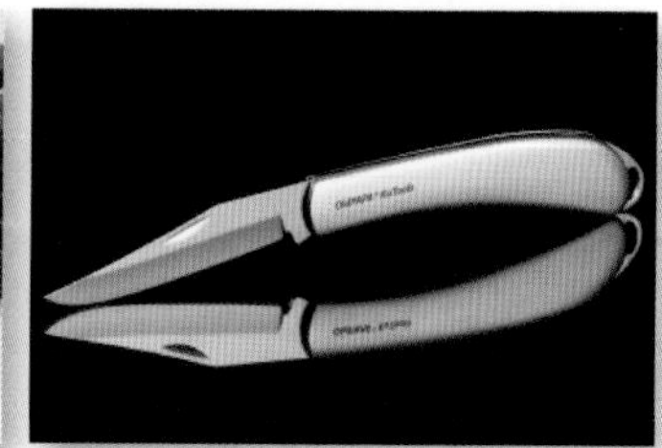
【小刀】

七、果酱盘饰常用原料

【巧克力裱花拉线膏】

【水晶果膏】

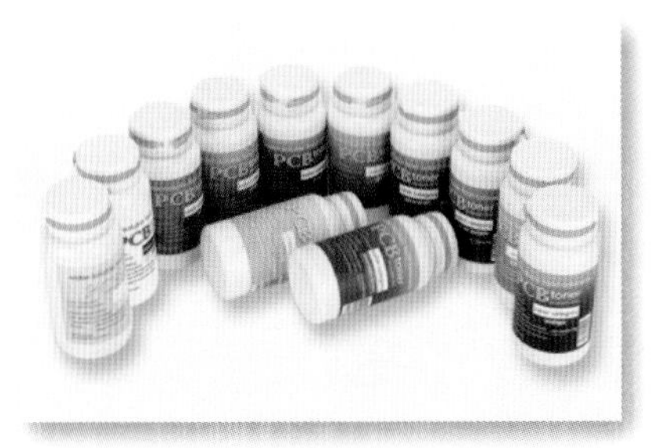

【水溶性色粉】

【水溶性复配着色剂】

任务一　调制彩色果酱

一、任务描述

【内容描述】

利用水溶性复配着色剂将水晶果膏调制成红色、黄色、蓝色、绿色四种色彩的果酱。

【学习目标】

1. 理解三原色的调色原理；
2. 掌握红色、黄色、蓝色、绿色果酱的调制方法；
3. 掌握裱花袋、果酱瓶的使用方法。

二、相关知识

1. 三原色

三原色是最基本的、最原始的色彩，人们通常说的三原色是红色、黄色、蓝色，万千色彩都可以由红色、黄色、蓝色三种颜色混合而来。

红色

黄色

蓝色

2. 三原色调色原理

红色 + 黄色 = 橙色　　红色 > 黄色 = 橙红色　　黄色 > 红色 = 橙黄色

红色 + 蓝色 = 紫色　　红色 > 蓝色 = 紫红色　　蓝色 > 红色 = 蓝紫色

蓝色 + 黄色 = 绿色　　蓝色 > 黄色 = 蓝绿色　　黄色 > 蓝色 = 草绿色

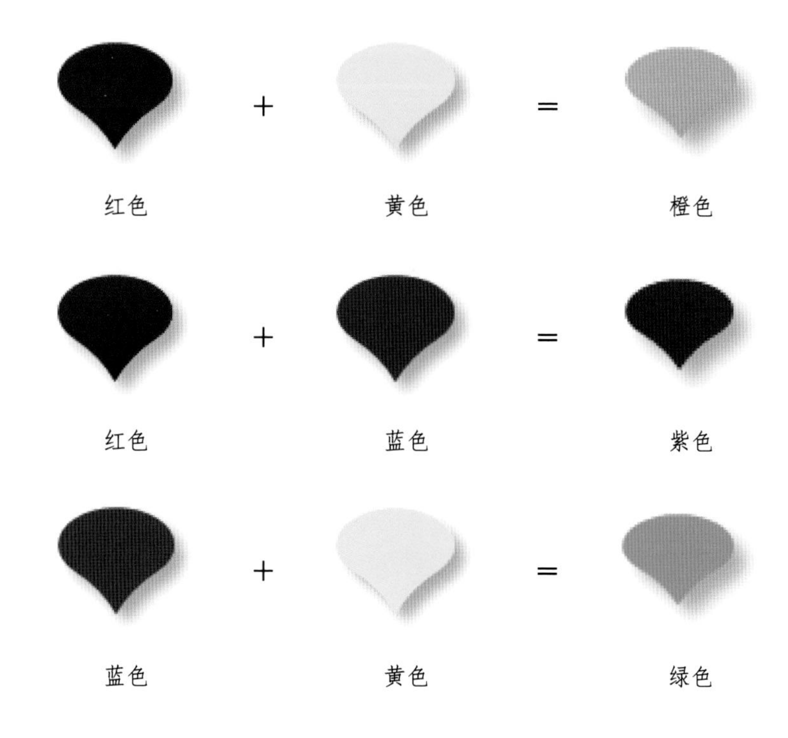

三、色彩的情感与味觉

色彩	情感	味觉
红色	活泼、激烈、吉祥、浪漫	感觉味浓、干香、甜美
绿色	希望、生机、和平、安全	感觉清晰、新鲜、爽脆
黄色	权威、温暖、亲切、成熟	感觉酸甜、醇厚、脆嫩
白色	雅洁、光明、纯洁、高尚	感觉清淡、素雅、软嫩
黑色	阴郁、刚健、庄严、坚实	感觉味浓、味长、干香
褐色	健康、稳定、刚劲、沉稳	感觉干香、味长、朴实
紫色	庄严、优雅、娇艳、爱情	感觉鲜香、雅致、高贵

四、制作过程

步骤一：将果酱装入容器中；

步骤二：加入水溶性复配着色剂；

步骤三：将果酱与水溶性复配着色剂调匀；

步骤四：将调制好的果酱装入裱花带，并挤入果酱瓶中，以果酱瓶最大容量的80%为宜，盖紧瓶盖，装上果酱瓶嘴。

【步骤一】

【步骤二】

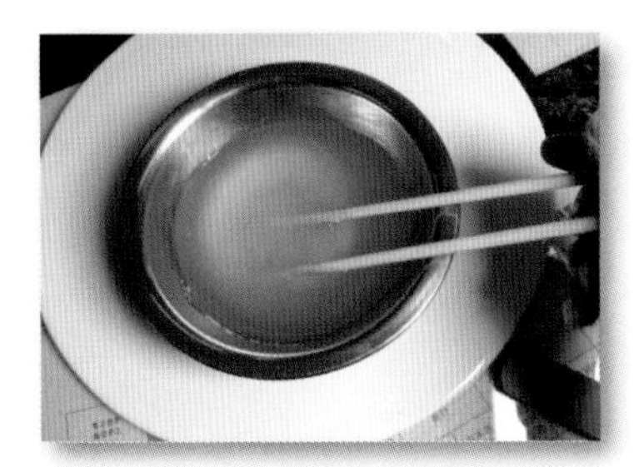

【步骤三】

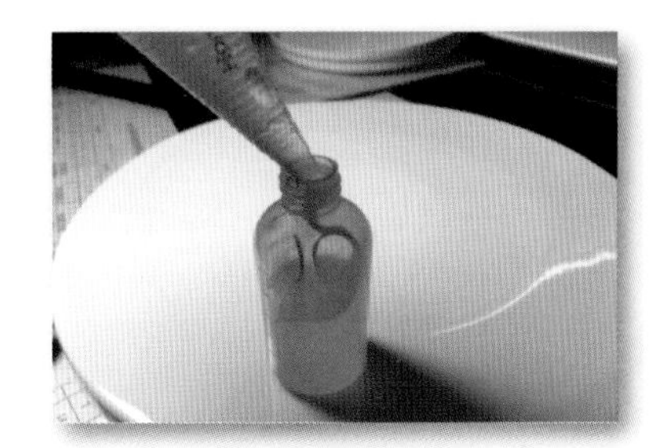

【步骤四】

五、成品标准

1. 调色适度，色彩自然、纯正、鲜艳；
2. 果酱装瓶80%左右。

任务二　平行线与波浪线

一、任务描述

【内容描述】

利用果酱瓶将果酱在平盘上拉出平行线、波浪线。

【学习目标】

1. 掌握果酱瓶拉线条的操作要领；

2. 掌握果酱瓶拉线条的规范动作。

【操作要领】

1. 使用果酱瓶时先将果酱甩到瓶口，再挤出果酱；

2. 手拿果酱瓶，中指拖起果酱瓶，拇指和食指按压果酱瓶的力度保持一致，果酱瓶的移动速度与力度相协调，使拉出的线条流畅。

二、制作过程

步骤一：手指按压果酱瓶，匀速移动，拉出线条；

步骤二：间隔相同的距离，拉出平行线或者波浪线。

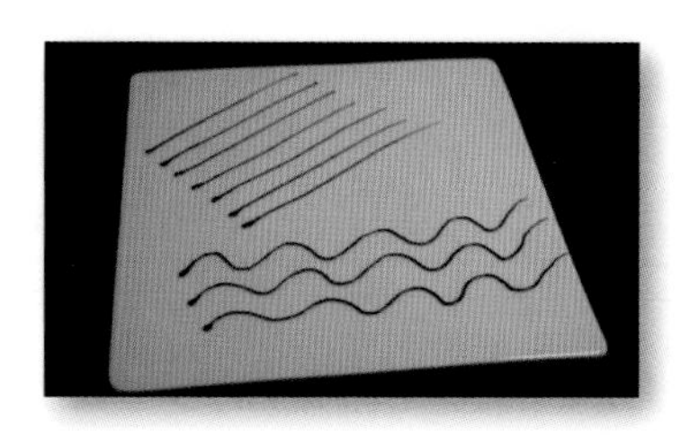

三、成品标准

1. 线条粗细均匀适度，线条走势流畅自然；

2. 线条间隔宽度一致；

3. 拉线条是果酱盘饰的基础手法，也是最常用的技法，需加强练习。

任务三　五线谱

一、任务描述

【内容描述】

利用果酱瓶将果酱在平盘上拉出平行的五线谱横线和音符。

【学习目标】

1. 掌握果酱瓶拉线条的操作要领；
2. 熟练掌握果酱盘饰的基本操作。

二、相关知识

【操作要领】

1. 拉粗线条则力度稍大，移动速度放慢；拉细线条则力度稍小，移动速度稍快。
2. 手指按压果酱瓶的力度保持一致。

三、制作过程

步骤一：用果酱瓶拉出线条；

步骤二：在横线上绘制音符。

四、成品标准

1. 线条粗细均匀适度，线条走势流畅自然；
2. 线条间隔宽度一致。

任务四　心心相印

一、任务描述

【内容描述】

用巧克力裱花拉线膏拉出心形线条，用果酱在线条内涂上色彩。此类手法也称简笔画技法。

【学习目标】

1. 掌握使用简笔画技法上色的方法；
2. 熟练掌握果酱盘饰的基本操作。

二、相关知识

【内容描述】

1. 果酱瓶移动速度与力度相协调，使拉出的线条流畅；
2. 果酱涂抹色层饱满、平滑、具有光泽感。

三、制作过程

步骤一：用简笔画技法画出心形图案；

步骤二：将果酱填充进心形图案中。

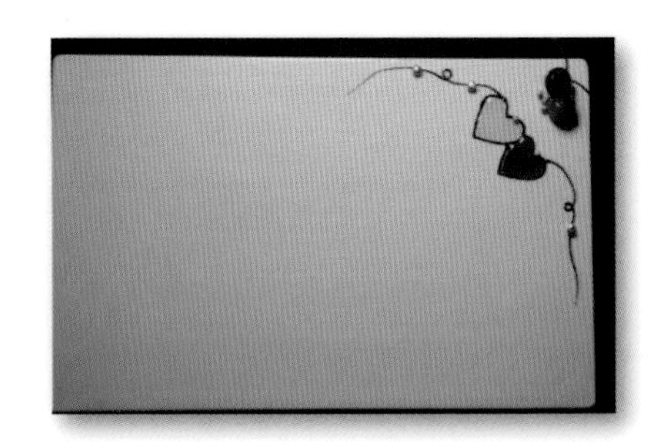

四、成品标准

1. 线条粗细均匀适度，线条流畅自然；
2. 彩色果酱涂层要饱满、平滑、具有光泽感。

教学模块二：拉线技法

模块导学

一、教学目标

1. 知识目标：

掌握拉线技法的操作要领。

2. 能力目标：

（1）能够独立完成果酱盘饰实例——翠竹的制作；

（2）能够独立完成果酱盘饰实例——兰花的制作；

（3）能够独立完成果酱盘饰实例——菊花的制作；

（4）掌握勾线笔、棉签、牙签在制作盘饰时的使用方法。

3. 情感目标：

培养菜肴审美能力与良好的职业素养。

二、知识链接

拉线技法是通过手指按压果酱瓶，匀速移动，拉出果酱线条来装饰菜肴的一种技法。该技法的特点是简洁、清爽、线条流畅、制作快捷。

三、任务简介

本模块由三个任务组成：

任务一是，运用拉线技法使用巧克力裱花拉线膏绘制翠竹图案，练习利用果酱拉弧线，以及在使用果酱瓶拉线条时力度的掌握。

任务二是，运用拉线技法使用勾线笔将果酱绘制成兰花图案，练习在使用果酱瓶拉线条时力度与精准度的掌握。

任务三是，通过绘制菊花图案来练习果酱的构图设计，练习使用勾线笔拉果酱线条。

这三个教学盘饰的设计立足于清爽、简洁的风格，制作小而精、快而美，是兼具实用性和艺术感的教学盘饰。

四、任务要求

1. 制作的盘饰最多占盘子面积的1/3，不能喧宾夺主；
2. 图案布局合理、比例协调，色彩搭配和谐；
3. 盘饰成品要注意清洁，讲究卫生。

任务一 翠竹

一、任务描述

【内容描述】

运用拉线技法使用巧克力裱花拉线膏绘制翠竹图案，用勾线笔绘制竹叶，并用果酱题字（翠竹）。

【学习目标】

1. 掌握拉线技法的操作要领；
2. 熟练掌握果酱盘饰基本操作。

二、相关知识

【操作要领】

1. 手指按压果酱瓶的力度保持一致，果酱瓶移动速度与力度协调，使拉出的线条流畅；

2. 构图要注意竹竿、竹枝、竹叶大小比例协调。

三、制作过程

步骤一：将巧克力裱花拉线膏用拉线技法绘制成竹竿、竹枝，并用勾线笔拉出竹叶；

步骤二：用黄色果酱画小鸟，用绿色果酱画鸟尾巴，用巧克力裱花拉线膏点出鸟的眼睛；

步骤三：用巧克力裱花拉线膏题字、落款。

四、成品标准

1. 线条粗细均匀适度，线条整体流畅自然；
2. 布置合理、比例协调、色彩搭配和谐。

五、衍生盘饰赏析

任务二　兰花

一、任务描述

【内容描述】

运用拉线技法绘制出线条，并绘制兰花图案。

【学习目标】

1. 掌握拉线技法的操作要领；
2. 熟练掌握果酱盘饰基本操作。

二、相关知识

【操作要领】

1. 果酱瓶移动速度与手指力度相协调，走线时注意花叶粗细转换要自然，绘制花叶要柔美、舒展；

2. 注意花叶、兰花、题字、落款相互之间的比例协调。

三、制作过程

步骤一：用拉线技法将巧克力裱花拉线膏拉出兰花叶子；

步骤二：画出兰花轮廓，用黄色果酱填色。

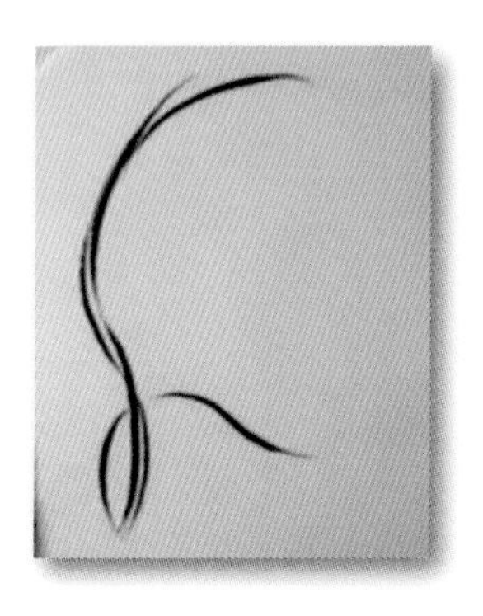

四、衍生盘饰赏析

任务三　菊花

一、任务描述

【内容描述】

运用拉线技法将彩色果酱拉出线条，用牙签将线条拉成菊花花瓣，用简笔画技法将绿色果酱绘制成叶子，并用果酱题字，再添加落款和印章。

【学习目标】

1. 掌握拉线技法的操作要领；
2. 熟练掌握果酱盘饰基本操作。

二、相关知识

【操作要领】

1. 用彩色果酱绘制的花瓣要头大尾小，头部向四周散开，尾部向中间收拢；
2. 用牙签拉动花瓣时，要匀速拉动，一气呵成，使花瓣舒展；
3. 绘制的花枝要直，使花瓣挺拔有力；
4. 绘制树叶时，树叶轮廓线条要较细。

三、制作过程

步骤 1：将果酱绘制成花瓣线条，拟定一个中心点，从四周向中心点拉果酱；

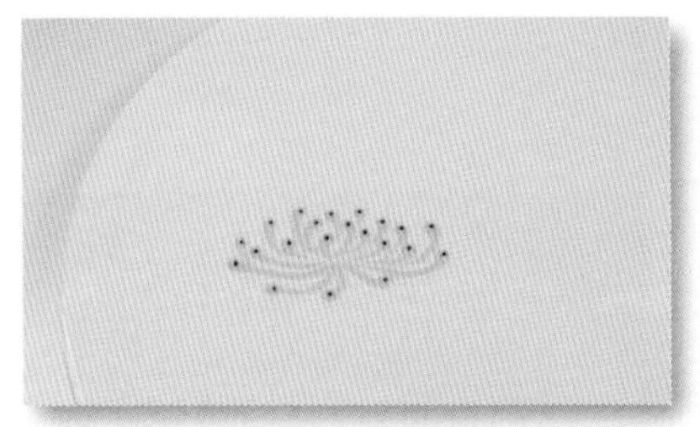

步骤 2：在花瓣头处用巧克力裱花拉线膏点一黑点，再用牙签将黑点拉成线条状，用对比色的果酱点上花蕊。

四、衍生盘饰——彼岸花

五、菊花盘饰赏析

拉线技法边角盘饰赏析

拉线技法盘饰赏析

教学模块三：抹绘技法

模块导学

一、教学目标

1. 知识目标：

能够描述抹绘技法的操作要领。

2. 能力目标：

（1）掌握果酱盘饰实例——陇上蜻蜓、暗香、虾趣、金鱼的制作方法；

（2）运用抹绘技法进行任务拓展尝试设计创新盘饰。

3. 情感目标：

逐步培养菜肴审美、盘饰创新能力与良好的职业素养。

二、知识链接

抹绘技法是通过推、拉、提、抹的手法将果酱绘制成各种形状，并组合成图案来装饰菜肴的一种技法。该技法的特点是图案生动、立体感强，制作快捷，是非常实用的盘饰技法，也是本课程的重点教学内容。

三、任务简介

本模块由六个教学任务组成：

任务一是绘制三瓣花、蜻蜓、叶子，组合成陇上蜻蜓盘饰；任务二是绘制喇叭花、叶子、藤蔓，组合成暗香盘饰；任务三是绘制游水虾、水草，组合成虾趣盘饰，通过这三个任务掌握用食指前推、后拉果酱的方法；任务四是绘制金鱼和水草，组合成金鱼盘饰，在这个任务中练习食指前推果酱的练习。

任务五和任务六分别为花语和畅游，要求同学们运用抹绘技法的相关知识尝试设计创新盘饰。

四、任务要求

1. 盘饰最多占盘子面积的1/3，不能喧宾夺主；
2. 图案布局合理、比例协调，色彩搭配和谐；
3. 盘饰成品要注意清洁，讲究卫生。

任务一　陇上蜻蜓

一、任务描述

【内容描述】

运用抹绘技法绘制三瓣花、蜻蜓、叶子的图案，用拉线技法绘制花枝，最后题字，再添加落款和印章，组合成陇上蜻蜓盘饰。

【学习目标】

1. 掌握抹绘技法中食指后拉果酱的操作要领；
2. 掌握教学盘饰——陇上蜻蜓的制作方法。

二、操作要领

【操作要领】

1. 绘制花瓣和叶子时，食指要先拉后提，速度和力道的配合要协调；
2. 绘制蜻蜓翅膀时，果酱前推要一气呵成，中途不能停顿。

三、制作过程

步骤一：三瓣花绘制方法。

1. 用彩色果酱挤出三个圆点，呈“品”字形排列；
2. 拟定一个中心点，用手指将三个圆点朝中心点拉出花瓣；
3. 绘制花托，点上花蕊。

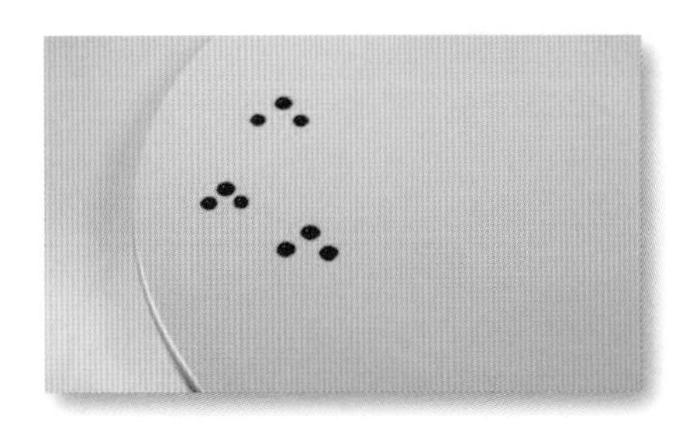

步骤二：用绿色果酱挤出圆点，抹出树叶的形状；用巧克力裱花拉线膏拉出枝干，用墨绿色和浅绿色果酱绘制出草地。

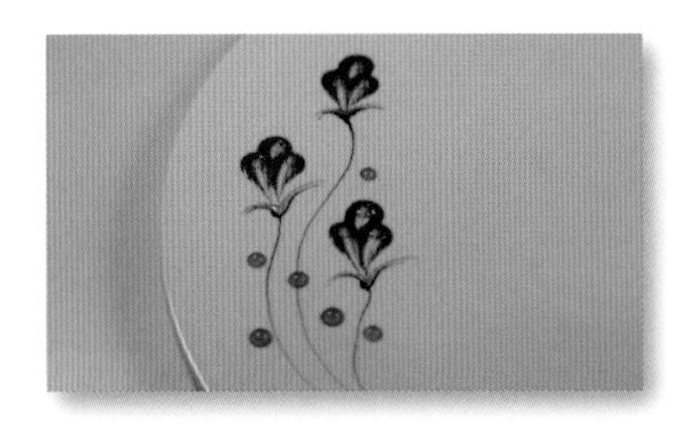
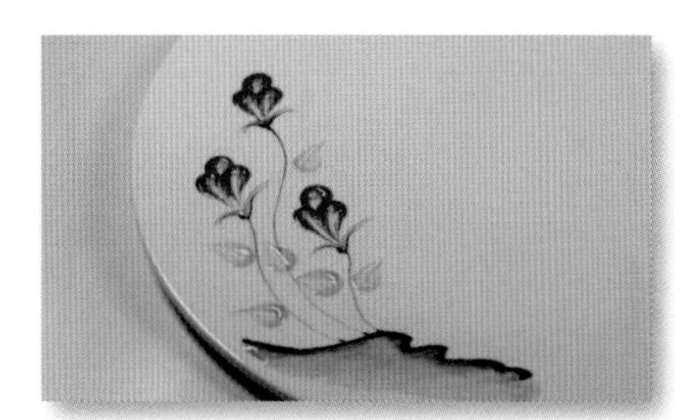
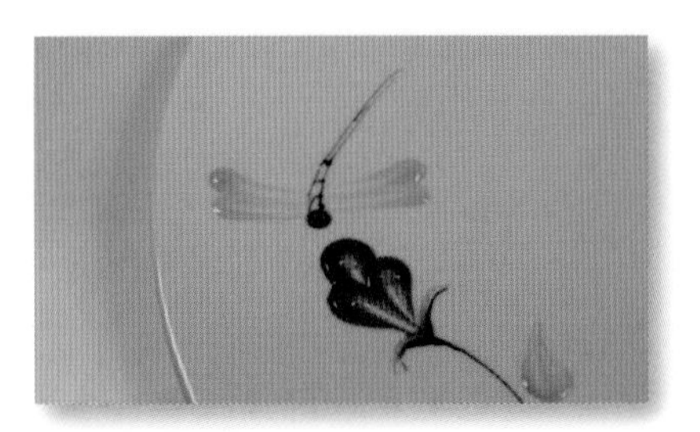
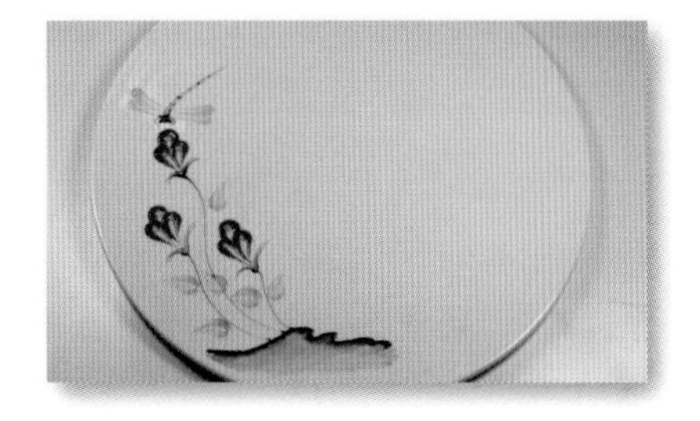

四、衍生盘饰赏析

任务二　暗香

一、任务描述

【内容描述】

用食指中节抹绘喇叭花，用手掌大的鱼际处抹绘树叶，运用拉线技法绘制藤蔓并题字，将这三个图案组合成暗香盘饰。

【学习目标】

1. 掌握运用食指中节、手掌大的鱼际处进行抹绘的操作要领；
2. 掌握教学盘饰——暗香的制作。

二、操作要领

【操作要领】

1. 抹绘技法中推、拉、抹、提的动作速度与力道的配合要协调；
2. 用手指中节绘制花瓣时要先拉后提。

三、制作过程

步骤一：喇叭花的绘制方法。

1. 用紫色果酱拉出花瓣外侧轮廓，用中指中节抹出花瓣；
2. 拉出花瓣两侧及内侧轮廓，用中指和食指拉出花身；
3. 用墨绿色果酱点出花托。

步骤二：喇叭花叶的绘制方法。

1. 用绿色果酱挤出线条，用手掌的大鱼际处抹出叶子；
2. 用黑色果酱绘制叶子的纹路。

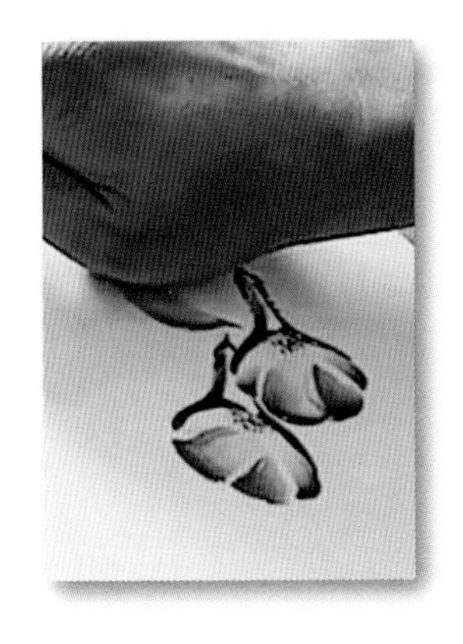

步骤三：藤蔓的绘制方法。

1. 用拉线技法绘制藤蔓，抹出花蕾；
2. 添加题字、落款、印章，盘饰收尾，清洁。

四、衍生盘饰赏析

任务三　虾趣

一、任务描述

【内容描述】

用黑色果酱绘制两只游水虾。

【学习目标】

1. 掌握抹绘技法中食指前推、斜拉的操作要领；
2. 掌握教学盘饰——虾趣的制作方法。

二、操作要领

【操作要领】

1. 抹绘技法中前推、斜拉的动作速度与力道的配合要协调；
2. 绘制虾头时，先挤出圆点，用食指前推出头胸部形状；
3. 绘制虾身时，手指斜拉，要先拉后提。

三、制作过程

步骤一：游水虾虾头绘制方法。

1. 用巧克力裱花拉线膏挤出圆点；
2. 用食指前推的手法推出头胸部形状；
3. 绘制虾头的四条触须和虾枪。

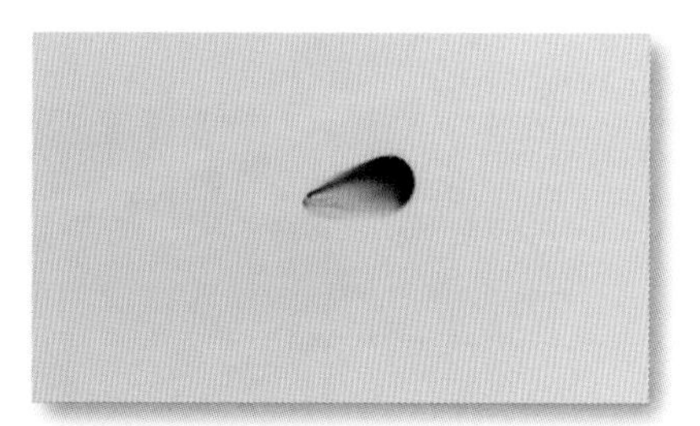

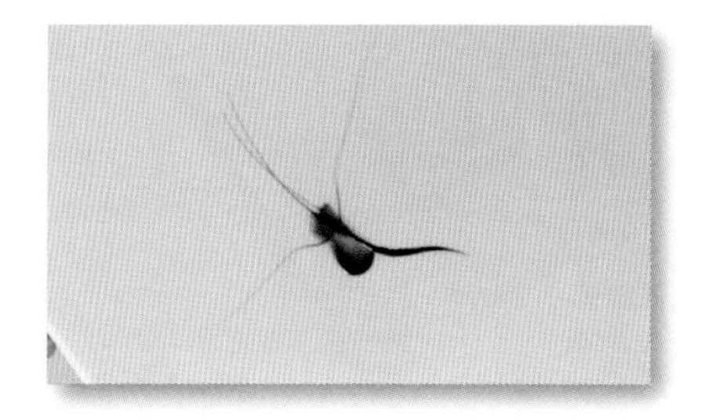

步骤二：游水虾绘制方法。

1. 在虾头的后侧挤出弧形长线条，表现出虾身子；
2. 绘制出虾尾、虾眼、虾须、虾钳、虾足。

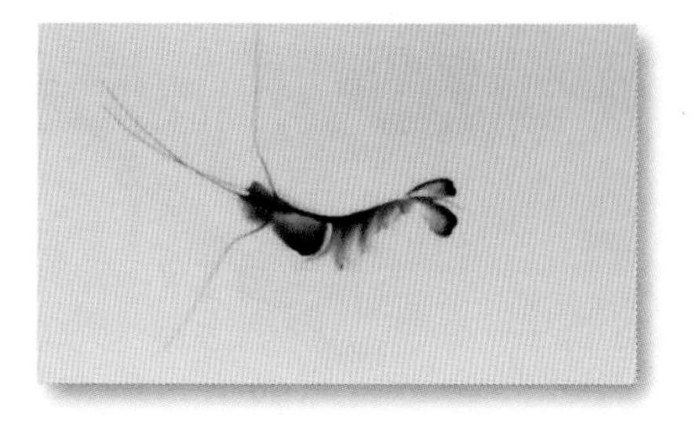

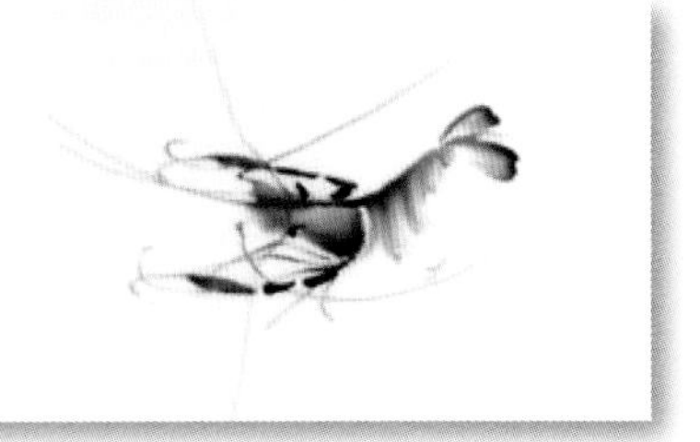

四、衍生盘饰赏析

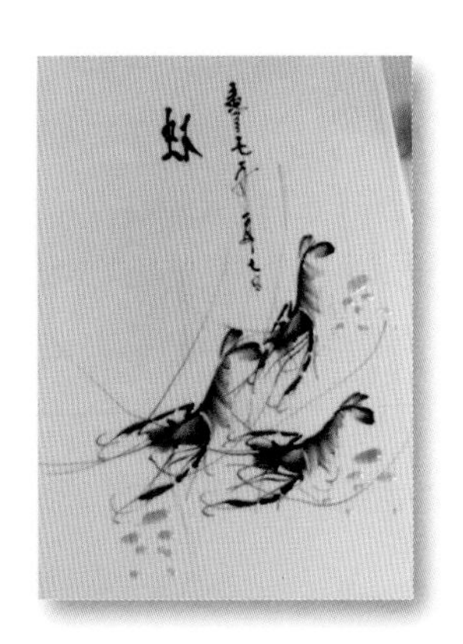

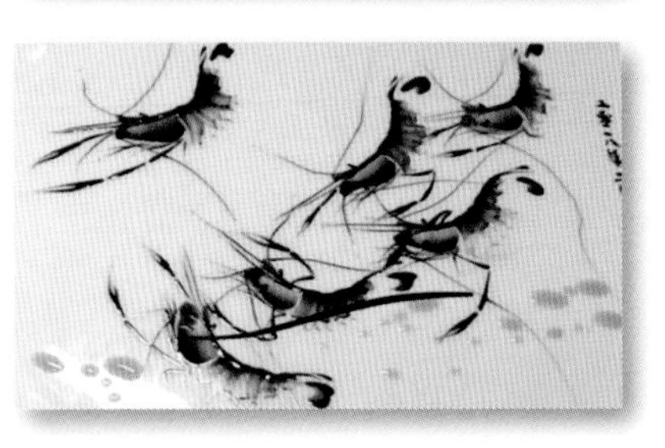

任务四　金鱼

一、任务描述

【内容描述】

用黑色果酱绘制金鱼，运用拉线技法绘制水草，将二者组合成金鱼盘饰。

【学习目标】

1. 掌握抹绘技法中拇指前推的操作手法；
2. 掌握教学盘饰——金鱼的制作。

二、相关知识

1. 抹绘技法中拇指移动速度与力道的配合要协调；
2. 拇指前推金鱼尾巴时要一气呵成，先推后提。

三、制作过程

步骤一：金鱼头部绘制分解图。

将巧克力裱花拉线膏运用拉线技法绘制成两个小圆圈；运用拉线技法绘制金鱼头部轮廓；用巧克力裱花拉线膏填充金鱼头部。

步骤二：金鱼身体绘制分解图。

绘制金鱼鱼鳍，用拉线技法绘制鱼鳞、鱼肚轮廓；拉出金鱼尾部线条，用大拇指抹绘出金鱼尾巴。

步骤三：用拉线技法绘制水草，完成金鱼盘饰制作。

四、衍生盘饰赏析

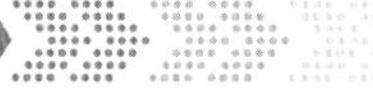

任务五　花语

一、任务描述

【内容描述】

展示月季花和玉兰花的画法，请同学们根据花卉素材自行设计构图，运用抹绘技法绘制花语盘饰。

【学习目标】

1. 熟练掌握抹绘技法的运用方式；
2. 尝试设计创新盘饰。

二、操作要领

1. 抹绘技法中推、拉、抹、提的动作速度与力道的配合要协调；
2. 先进行盘饰布局设计，构思图案，再进行盘饰制作。

三、制作过程

步骤一：用蓝色果酱拉出三段粗线条，用食指抹出花瓣；

步骤二：同样用抹绘技法抹出下部和内部的花瓣，用黄色果酱和黑色果酱画出花蕊；

步骤三：用墨绿色果酱绘制出树枝和树叶。

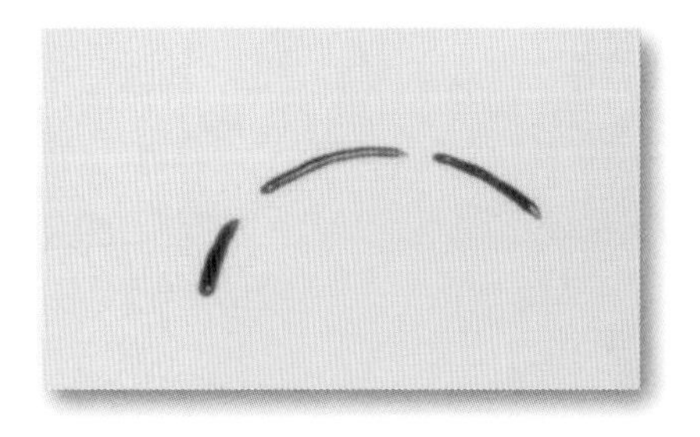

四、玉兰花绘制过程

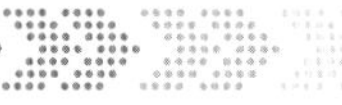

五、花卉素材

六、拓展任务

利用花卉素材，创作果酱盘饰——花语。

花语盘饰要求：盘饰元素包括两朵花卉，含树枝、树叶、题字、落款。

任务六　畅游

一、任务描述

【内容描述】

展示螃蟹和桂花鱼画法，请同学们运用抹绘技法绘制畅游盘饰，要求至少有两只水中动物。

【学习目标】

1. 熟练掌握抹绘技法的运用方式；

2. 构思并设计盘饰，尝试创新盘饰。

二、操作要领

1. 抹绘技法中推、拉、抹、提的动作速度与力道的配合要协调；
2. 先进行盘饰布局设计，构思图案，再进行盘饰制作。

三、制作过程

鱼的绘制步骤：

步骤一：用巧克力裱花拉线膏绘制鱼头、鱼身轮廓；

步骤二：用抹绘技法将轮廓抹出鱼身的形状；

步骤三：画出鱼尾、鱼鳍。

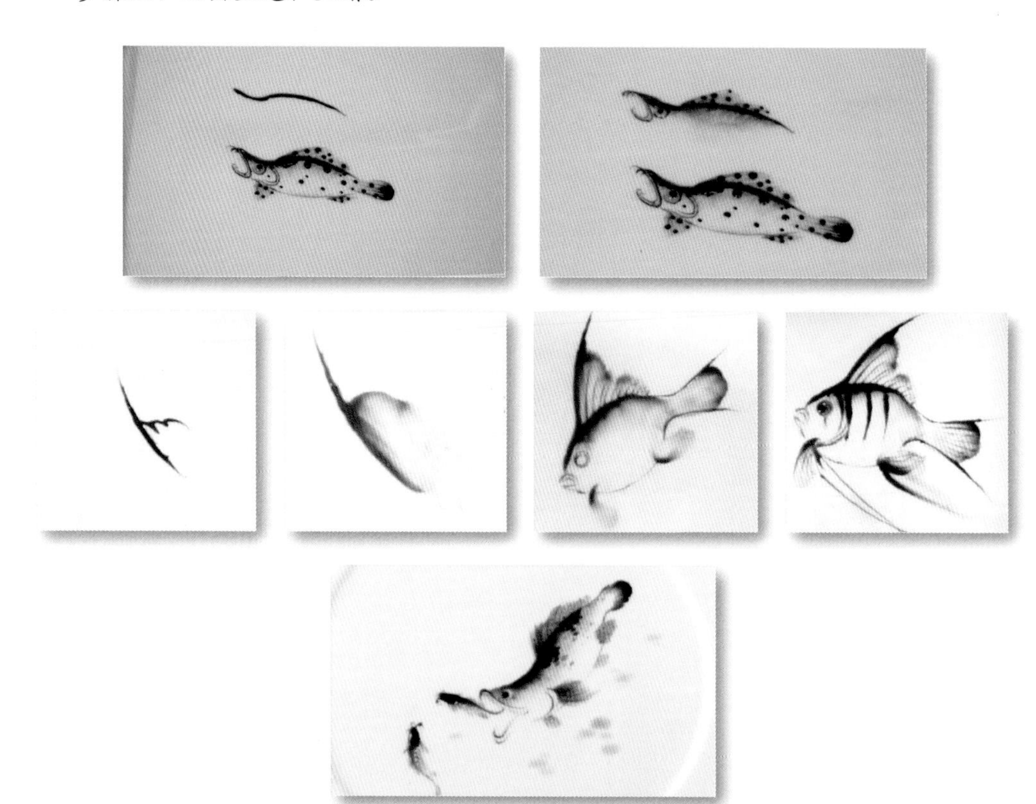

蟹的绘制步骤：

步骤一：用黑色果酱拉出一个半圆形线条，用食指绘出蟹壳；

步骤二：在蟹壳的左右两侧挤出一个点，绘出蟹钳，用拉线技法绘制出蟹脚，点上眼睛，再用绿色果酱拉出水草装饰。

四、拓展任务

利用素材，创作果酱盘饰——畅游。

蟹
秋意

抹绘技法荷花盘饰赏析

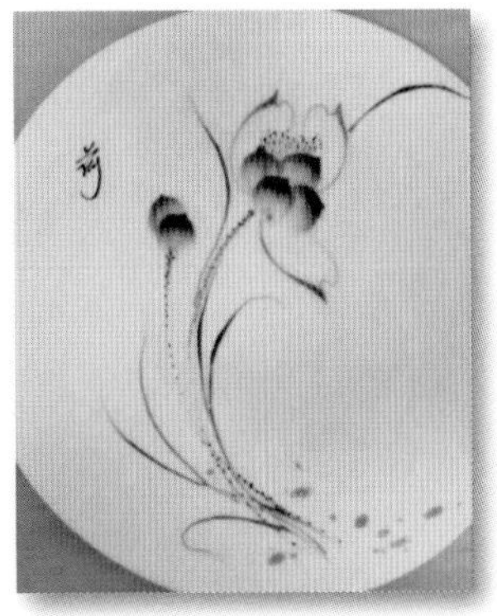

抹绘技法花卉盘饰赏析

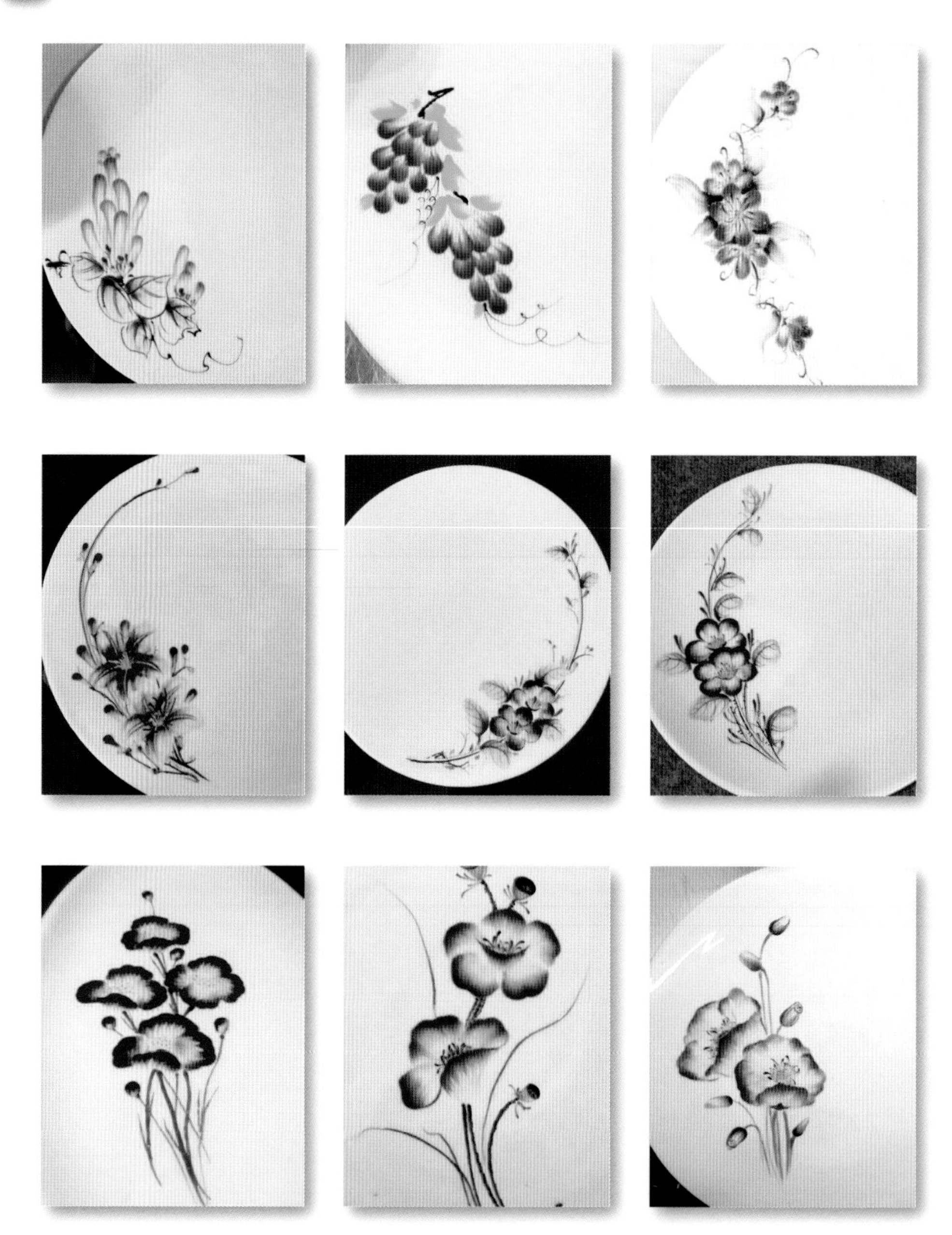

抹绘技法综合盘饰赏析

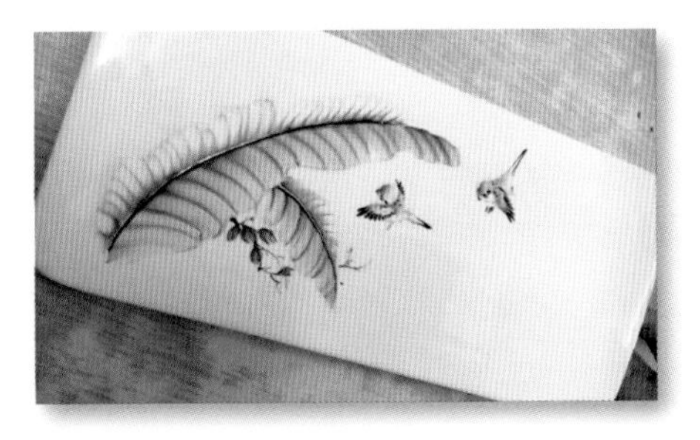

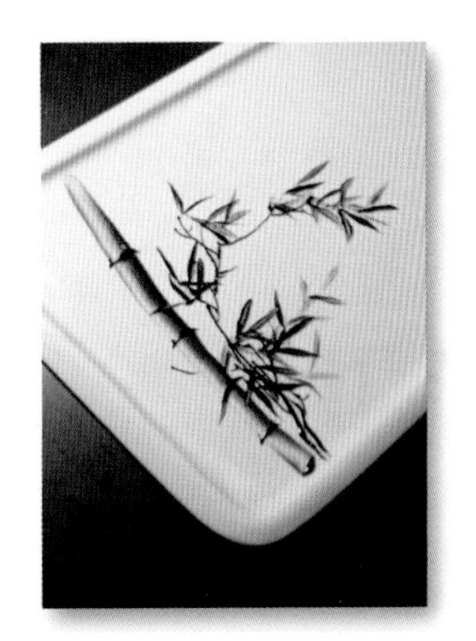

教学模块四：分染技法

模块导学

一、教学目标

1. 知识目标：

（1）掌握分染技法的操作要领；

（2）掌握用色彩分层叠加进行果酱色彩分染的原理。

2. 能力目标：

（1）掌握果酱盘饰实例——荷韵、鸟类、牡丹的制作；

（2）掌握色彩分染的技法。

3. 情感目标：

逐步培养菜肴审美能力与良好的职业素养。

二、知识链接

分染技法是将果酱在平涂底色的基础上，以分层叠加的方法进行设色，由深至浅进行色彩分染，形成浓淡与明暗的对比，产生强烈的立体效果，从而完成果酱盘饰的一种方法。该技法的特点是色彩厚重饱和，层次变化丰富，表现力强。该技法对美术功底要求较高，并且制作步骤烦琐，耗时长，仅作为果酱盘饰的提升教学内容。

三、任务简介

本模块由三个任务组成：

任务一通过绘制荷花练习果酱的分染手法。

任务二学习用分染技法绘制鸟类的画法。

任务三练习牡丹的色彩分染手法。

在这三个教学盘饰设计上结合我国国画的表现形式，将彩色果酱由深至浅进行色彩分染，使得盘饰图案体现出色彩层次的变化，更具立体感，通过果酱原料的自然美、装饰美、工艺美、意境美来一展菜肴的视觉形象，可以提高菜肴的档次，烘托气氛，增加顾客的品尝美食的乐趣。

四、任务要求

1. 盘饰制作注意清洁，讲究卫生；
2. 绘制图案要寓意吉祥；
3. 图案布局合理，比例协调，色彩搭配和谐。

任务一　荷韵

一、任务描述

【内容描述】

用巧克力裱花拉线膏绘制荷花、荷叶轮廓；用墨绿色至浅绿色果酱进行分染绘制荷叶；用蓝色果酱绘制水的背景，这些图案组合成荷韵盘饰。

【学习目标】

1. 掌握荷叶分染技法的操作要领；
2. 掌握教学盘饰——荷韵的制作。

二、操作要领

1. 果酱分染涂层要均匀适度，色彩分层要由深至浅逐层叠加、逐层分染，色彩递进要自然美观；
2. 盘饰构图设计比例协调。

三、制作过程

步骤一：用巧克力裱花拉线膏绘制出荷叶的轮廓；

步骤二：用淡黄色、浅绿色、墨绿色果酱进行荷叶彩色分染；

步骤三：背景装饰点缀，添加题字和落款。

四、盘饰应用

五、荷花盘饰赏析

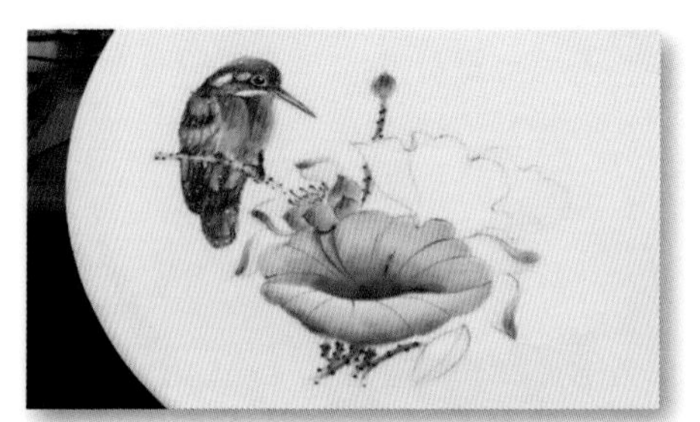

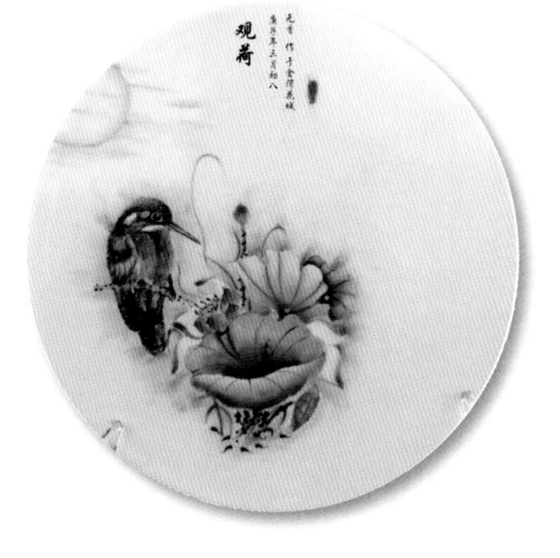

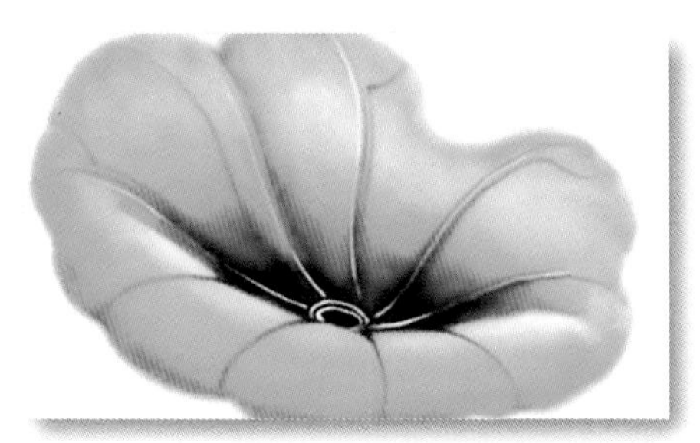

任务二　鸟类

一、任务描述

【内容描述】

在盘子中构图，设计麻雀与树枝的布局并控制好比例，用分染技法绘制麻雀，用拉线技法拉出树枝轮廓并上色。

【学习目标】

1. 掌握分染技法的操作要领；
2. 掌握教学盘饰——鸟类的制作方法。

二、操作要领

1. 果酱分染涂层要均匀，色彩要由深至浅逐层叠加、逐层分染，色彩递进要自然；

2. 分染色彩选择应时同色系色彩，盘饰构图设计比例协调。

三、制作过程

四、鸟类素材赏析

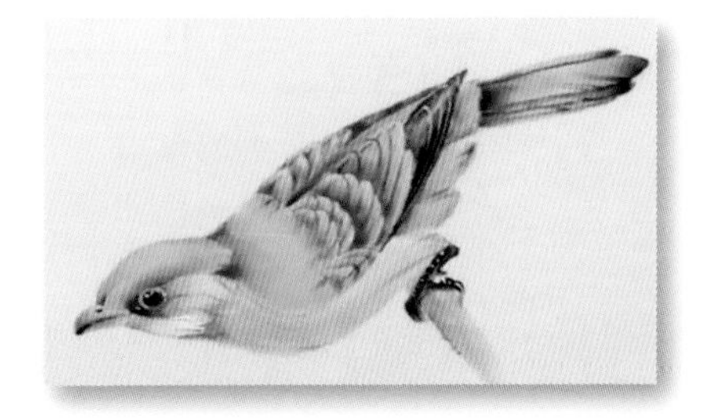

任务三　牡丹

一、任务描述

【内容描述】

用黑色果酱绘制牡丹和叶子的轮廓；用墨绿色至浅绿色果酱进行分染，绘制叶子；用深红色至粉红色果酱给牡丹花涂抹上色，进行红色分染，绘制牡丹花与花枝，这些图案组合成牡丹盘饰。

【学习目标】

1. 掌握牡丹花抹绘技法的操作要领；
2. 掌握教学盘饰——牡丹的制作方法。

二、操作要领

1. 果酱分染涂层要均匀适度，色彩要由深至浅逐层叠加、逐层分染，色彩递进要自然；
2. 盘饰构图设计比例协调。

三、制作过程

步骤一：构图，在盘子中设计牡丹花与叶子的布局和比例，用简笔画画法绘出牡丹花的轮廓及叶子轮廓；

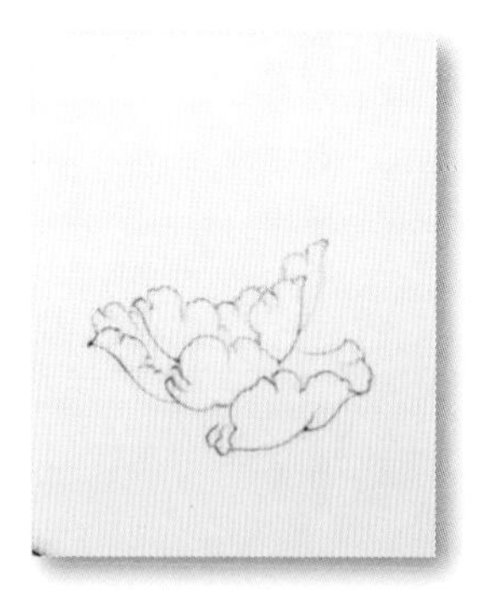
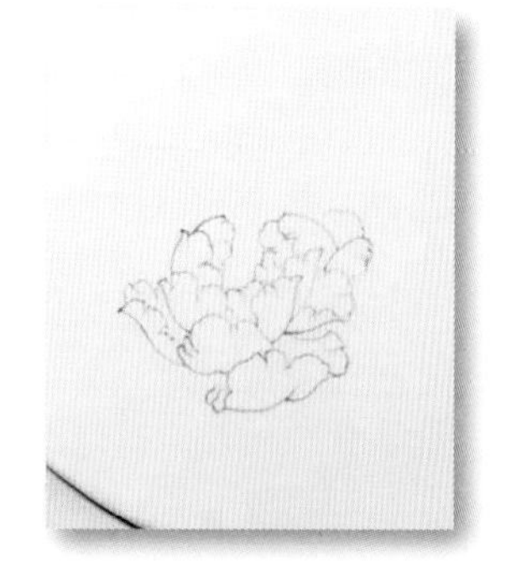
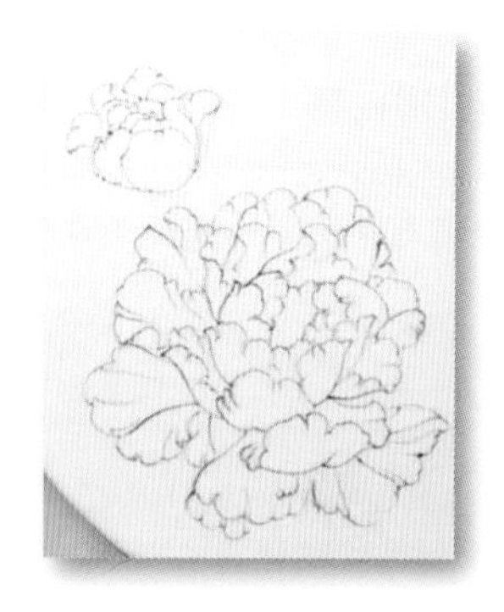

步骤二：用深红色、浅红色、粉红色果酱给牡丹花上色，进行红色分染，用墨绿色、浅绿色、淡黄色果酱给叶子上色，进行绿色分染；

步骤三：修饰、点缀完成盘饰，再添加题字并落款。

三、牡丹盘饰赏析

四、创意拓展：锦上添花

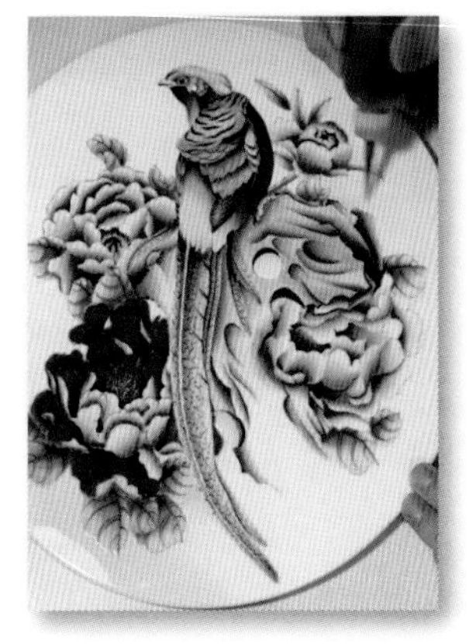

分染技法叶枝盘饰赏析

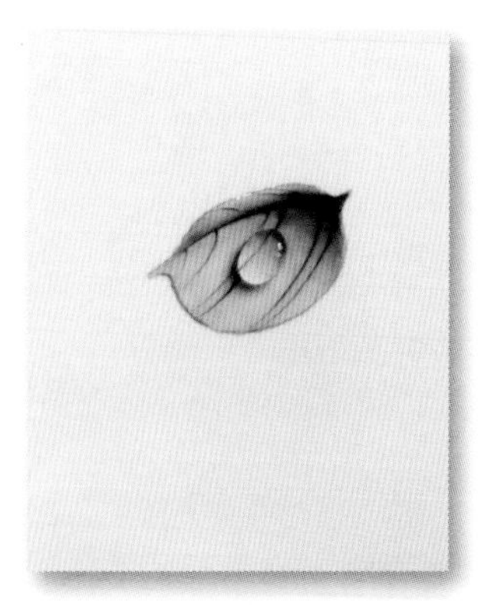

分染技法鸟类盘饰赏析

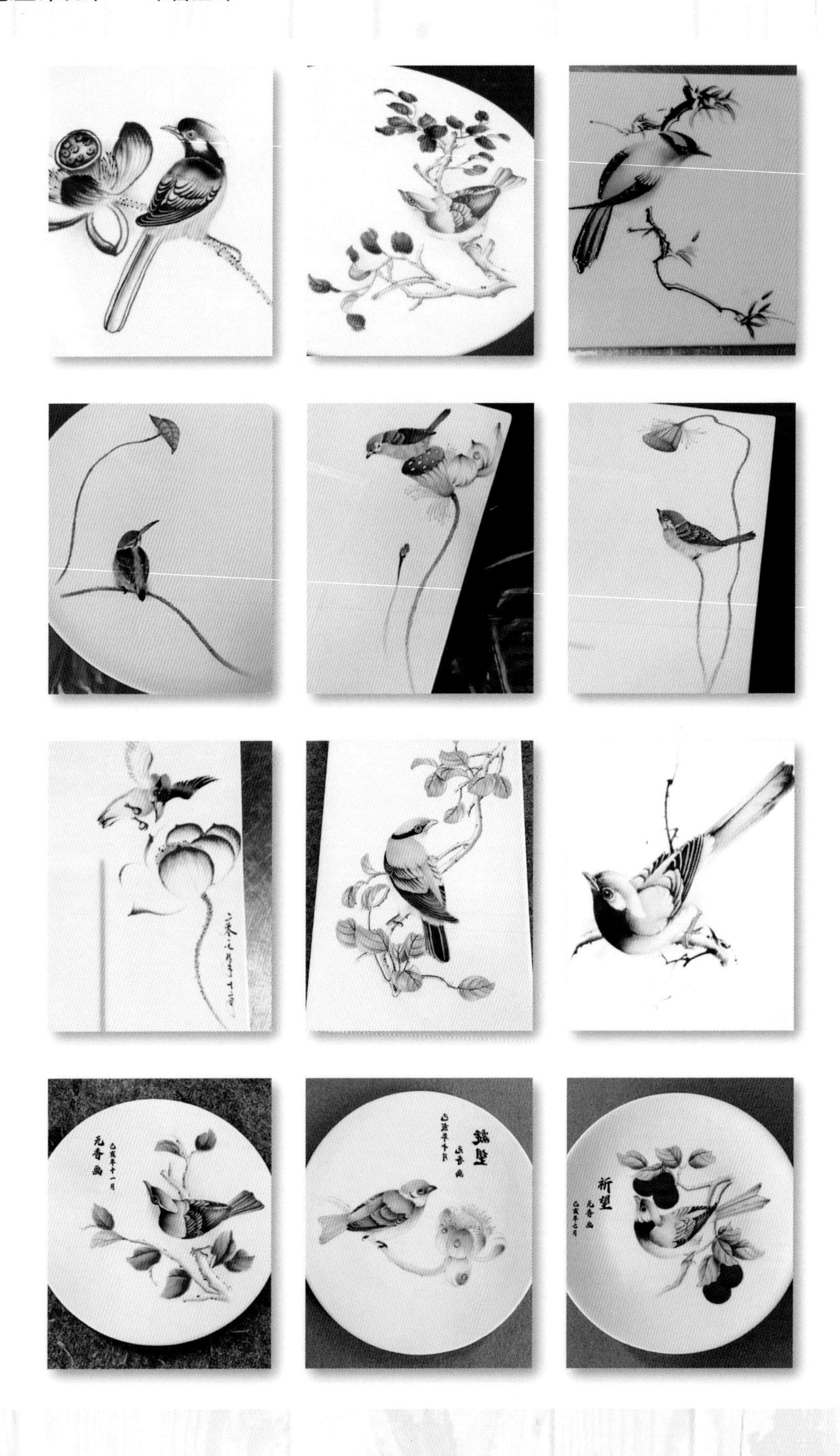
乙亥年十一月
元香画
祈望
元香画
乙亥年七月

寻香

分染技法鸡类盘饰赏析

分染技法山水盘饰赏析

分染技法仕女盘饰赏析

分染技法动物盘饰赏析

教学模块五：混搭盘饰

模块导学

一、教学目标

1. 知识目标：

掌握混搭盘饰的原则。

2. 能力目标：

能够将果蔬雕刻、面塑、糖艺插件、巧克力插件与果酱盘饰综合运用于盘饰设计中，制作出混搭盘饰作品。

3. 情感目标：

逐步培养菜肴审美能力、成本意识与良好的职业素养。

二、知识链接

混搭盘饰是利用多种盘饰技艺和原料，拼装组合成一定的造型并用于菜肴装饰的方法。该方法使用简洁、明快的果酱线条与水果的组合，写意的果酱书法诗句或果酱画配糖艺、面塑的组合，为菜肴装饰锦上添花。

混搭盘饰是目前行业上相对实用、主流的菜肴装饰方法。混搭盘饰的创意可以天马行空、千变万化，原料取材丰富多样，厨房中的多数原料都能应用其中。本模块是果酱盘饰教学的拓展和延伸，将果酱盘饰手法更深入、更全面地与其他菜肴装饰手法相结合，以提升菜肴的艺术价值，提升学生们创作菜肴盘饰的艺术造诣。

三、模块简介

本模块主要介绍的是巧克力插件与果酱混搭、面塑作品与果酱混搭、糖艺插件与果酱混搭、花卉果蔬与果酱混搭等混搭盘饰实例。本模块主要是图片实例赏析，通过西式装盘菜肴实例与中式装盘菜肴实例赏析，体会混搭盘饰的搭配原则，领悟混搭盘饰的搭配方法，力求引导学生们不仅仅只是单纯的模仿和复制教学盘饰，而是激发学生们的创新意识并拓宽设计思路，最终达到活学活用，学以致用的目标。

四、任务要求

1. 注意清洁，讲究卫生，盘饰工具必须经过杀菌消毒，原料必须是可食性原料；
2. 原材料色彩搭配和谐，造型比例协调；
3. 设计风格注重简洁、清爽、快速、实用，避免过于烦琐、喧宾夺主；
4. 装饰原料要物尽其用，避免浪费。

混搭盘饰实例图解

芝麻意大利面棒

【原料构成】

意大利粗面、鸡蛋、绿芝麻、红芝麻、湿生粉、吸油纸。

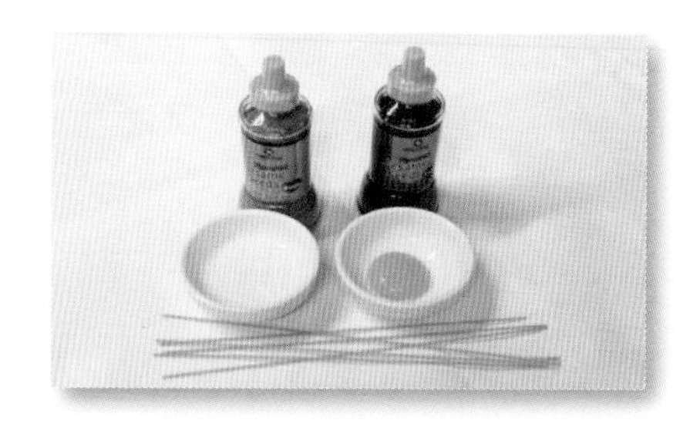

【制作流程】

1. 将鸡蛋黄与湿生粉调匀，裹在面条上，黏上两种色彩的芝麻；
2. 放在温度约为120℃的热油中炸半分钟捞出；
3. 趁面条柔软时可以做成弯曲的笔直的或其他形状的造型；
4. 将做好造型的面条放在吸油纸上，吸去多余的油。

【盘饰应用】

巧克力插件与果酱混搭盘饰

【盘饰实例一】

原料构成：巧克力插件、香瓜、桔子、红樱桃、巧克力果酱、草莓果酱。

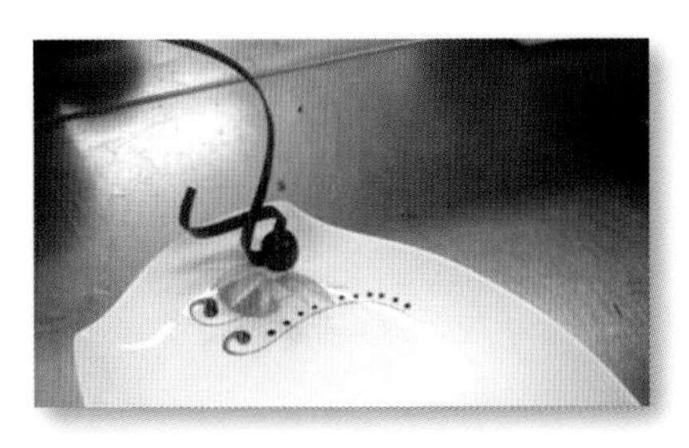

【盘饰实例二】

原料构成：巧克力插件、香瓜、青瓜、樱桃、蓝莓果酱。

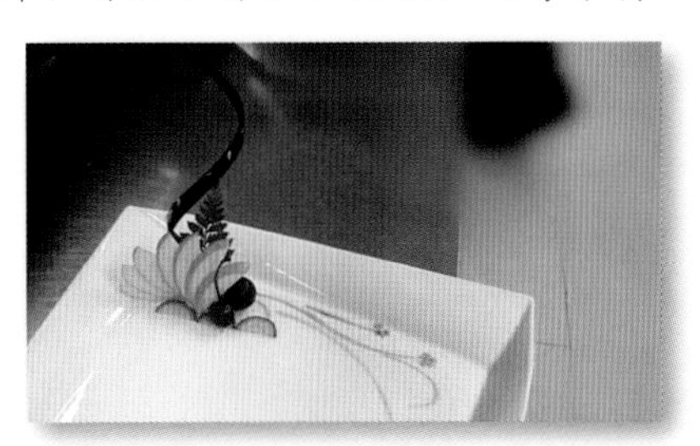

【盘饰实例三】

原料构成：巧克力插件、土豆泥、玫瑰花瓣、柠檬果酱。

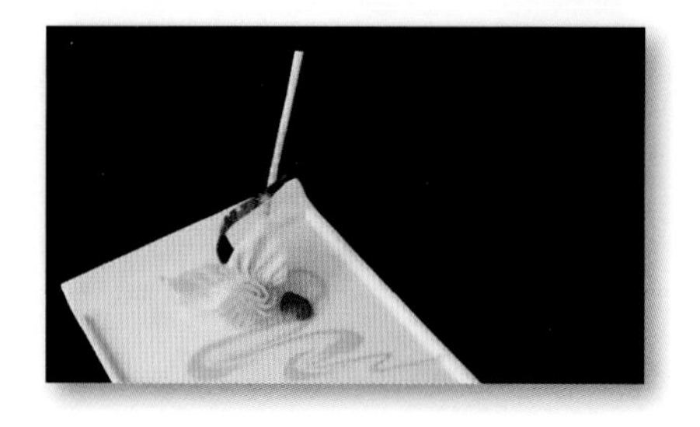

【盘饰实例四】

原料构成：巧克力插件、蓬莱松、土豆泥、果酱。

【盘饰实例五】

原料构成：巧克力插件、土豆泥、蓬莱松、玉米粒、果酱。

【盘饰实例六】

原料构成：韭菜花、蒜薹尖、蓬莱松、康乃馨、白巧克力插件、果酱。

【盘饰实例七】

原料构成：巧克力插件、土豆泥、玫瑰花瓣、柠檬果酱。

【盘饰实例八】

原料构成：巧克力豆、炸面条、巧克力果酱、土豆泥。

花卉果蔬与果酱混搭盘饰

【盘饰实例九】

原料构成：红萝卜、莴笋、红樱桃、草莓果酱、巧克力果酱。

【盘饰实例十】

原料构成：红萝卜、薄荷叶、樱桃萝卜、柠檬果酱、蓝莓果酱。

【盘饰实例十一】

原料构成：红萝卜、樱桃萝卜、薄荷叶、巧克力果酱、草莓果酱。

【盘饰实例十二】

原料构成：火龙果、樱桃萝卜、松针、糖针、蓝莓果酱。

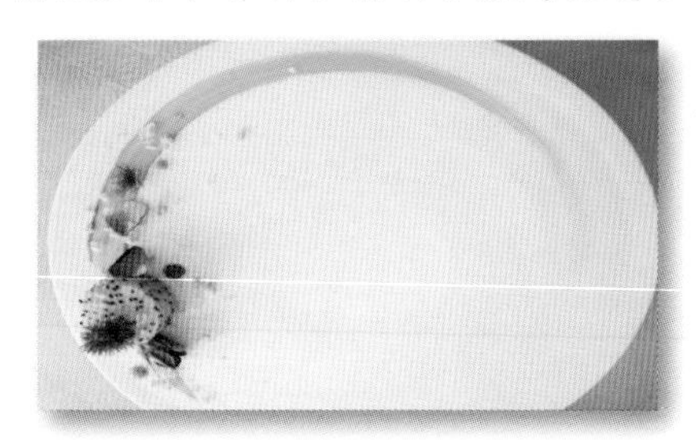

【盘饰实例十三】

原料构成：韭菜花、丝瓜、薄荷叶、石榴、蓬莱松、巧克力果酱。

【盘饰实例十四】

原料构成：橙子、巧克力果酱、蓬莱松、鱼籽。

【盘饰实例十五】

原料构成：食用花、蒜薹、巧克力果酱、蓝莓果酱、柠檬果酱。

【盘饰实例十六】

原料构成：圣女果、豆苗、火龙果、猕猴桃、石榴籽、巧克力果酱。

【盘饰实例十七】

原料构成：豆苗、花生、可可粉、土豆泥。

【盘饰实例十八】

原料构成：巧克力果酱、土豆泥、鸡蛋壳、蓬莱松、金针菇。

【盘饰实例十九】

原料构成：葡萄叶、鸡蛋壳、石榴、土豆泥、巧克力果酱。

【盘饰实例二十】

原料构成：橙子、土豆泥、糖艺插件、鱼子酱、花签。

【盘饰实例二十一】

原料构成：面条、海苔、石榴籽、抹茶粉、蓬莱松。

【盘饰实例二十二】

原料构成：蓬莱松、海盐、石榴籽。

【盘饰实例二十三】

原料构成：鸡蛋壳、椒盐、杨桃、果酱。

【盘饰实例二十四】

原料构成：土豆泥、炸京葱、炸虾片、香菜叶。

糖艺插件与果酱混搭盘饰

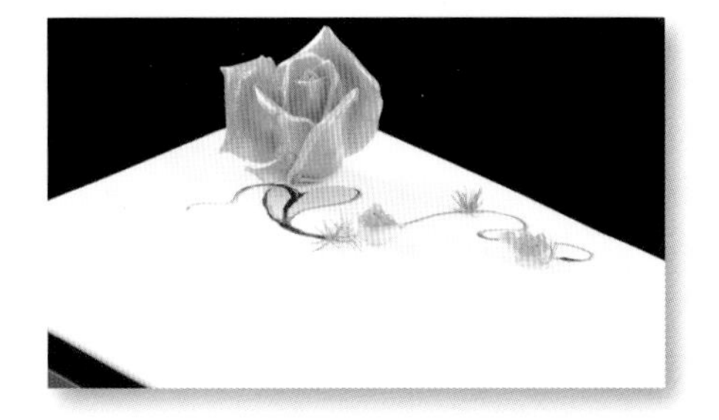

多原料混搭盘饰赏析

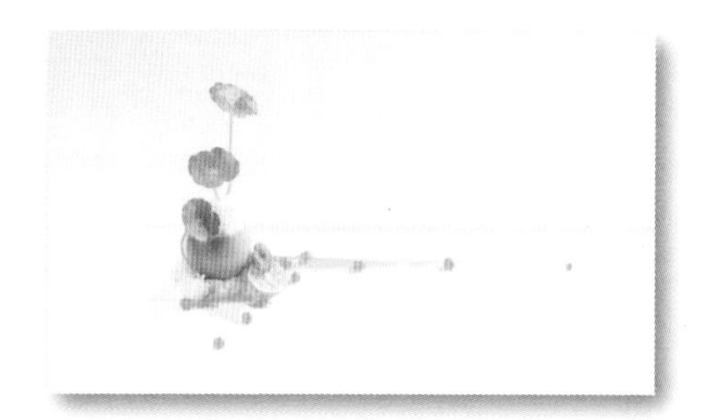

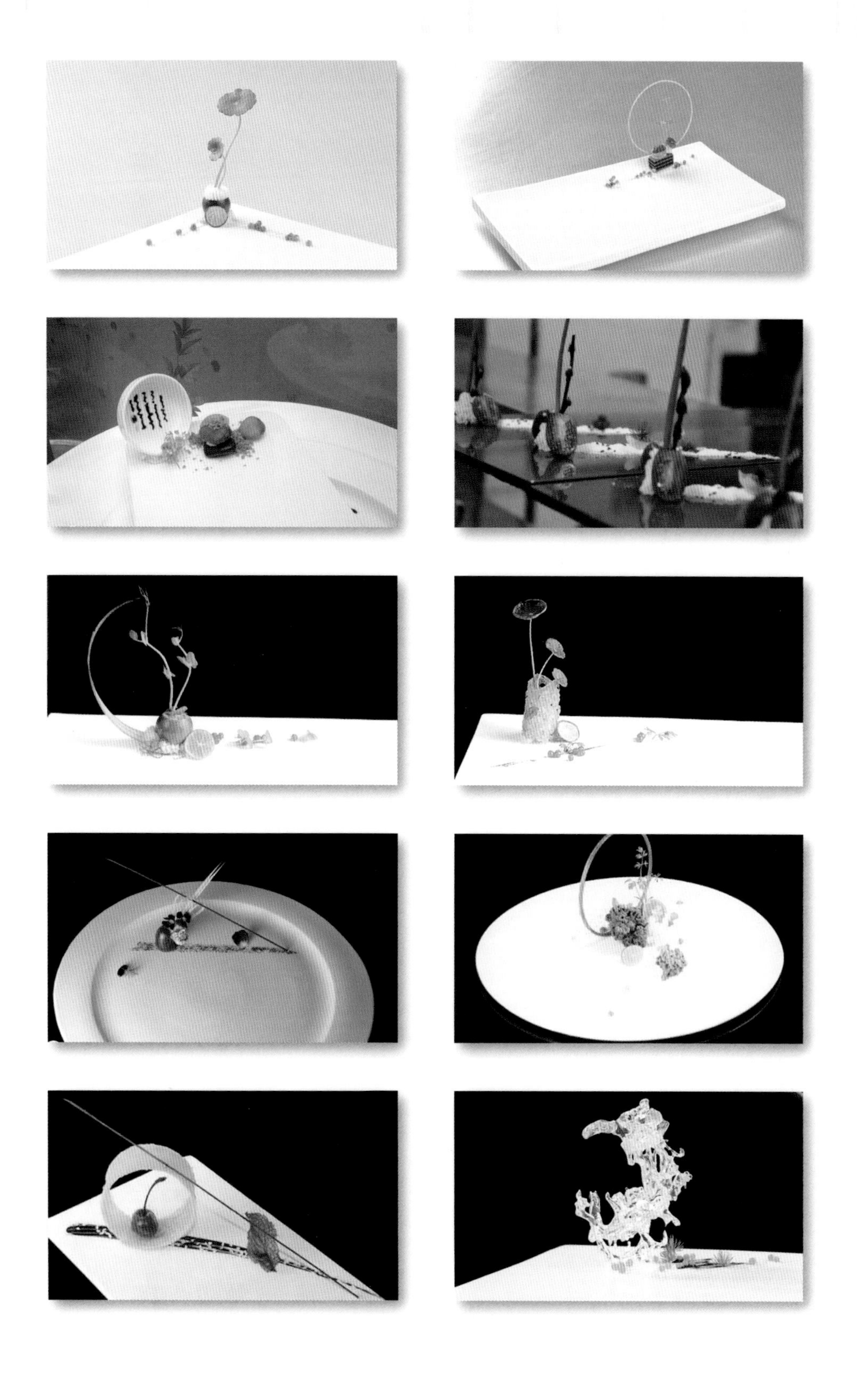

西式甜品盘饰赏析

西餐菜肴混搭盘饰赏析

中式菜肴混搭盘饰赏析

【象形玉米包】

【葱油藕片】

【鱼籽酱茄瓜卷】

【川椒香辣牛小排】

【鲜虾蛋皮卷】

【牛油果三文鱼卷】

【酱汁萝卜】

【爽口鸭掌】

【樱桃淮山】

盘饰在菜肴中的应用

【话梅小排】

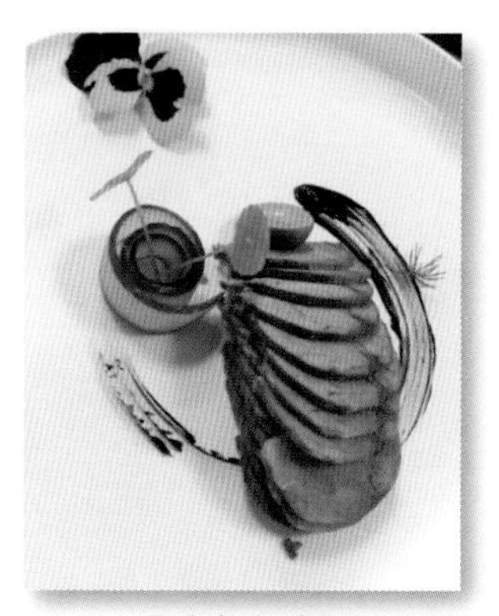

【香卤牛腱】

【年轮大枣】

【葱汁鲜虾山药泥】

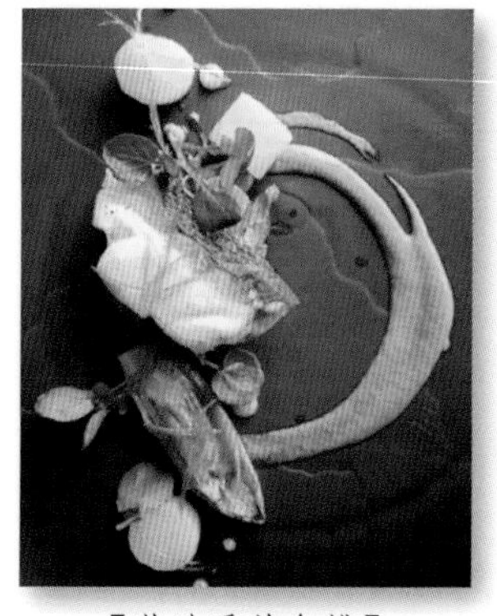

【葱汁香煎鱼排】

【缤纷四色泥】

【南瓜慕斯】

【香煎三文鱼卷】

【苹果酱香草冰淇淋】

【荠菜虾仁】

【香脆虾茸卷】

【野米水鱼裙】

【龙井虾仁】

【白切鸡】

【蒜香里脊条】

【馋嘴酱烤花生】

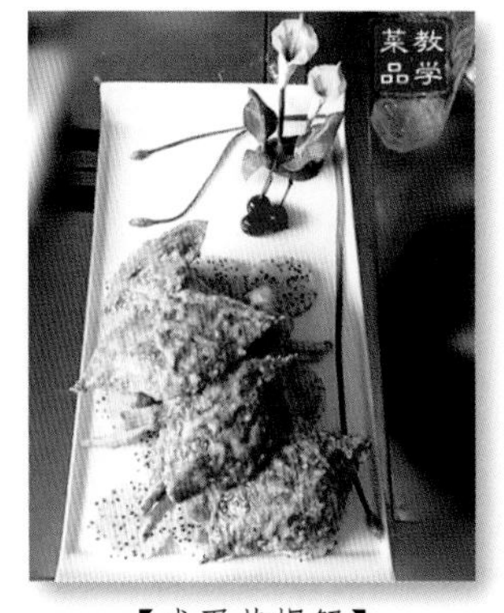

【咸蛋黄焗蟹】

【金汤银鳕鱼】

【香椿豆皮】 【糖醋小排】 【金丝拌虾仁】

【金瓜烩血燕】 【爽口藕片】 【卤水凤爪】

【香煎鳕鱼排】 【清炒羊肚菌】 【温拌小豆】

【清炒虾仁配鱼子酱】

【茶香多宝鱼】

【温拌海蜇头】

【OK 汁虾仁】

【丰收——鱼胶丝瓜】

【迷迭香烤羊排】

【蓝莓煎鹅肝】

【芦笋煎牛排】

【扬州冰皮鸡】

【酸辣藕片】

【馋嘴核桃】

【捞汁西葫芦】

【彩蔬春卷】

【杏仁鲜虾松果球】

【西班牙水饺】

【芒果布丁】

【野菌鱿鱼卷】

【花瓶酥】

【养生土豆包】

【南国芒果包】

【手工核桃包】

【牛奶香蕉包】

【香煎鱼排】

【象形马蹄包】

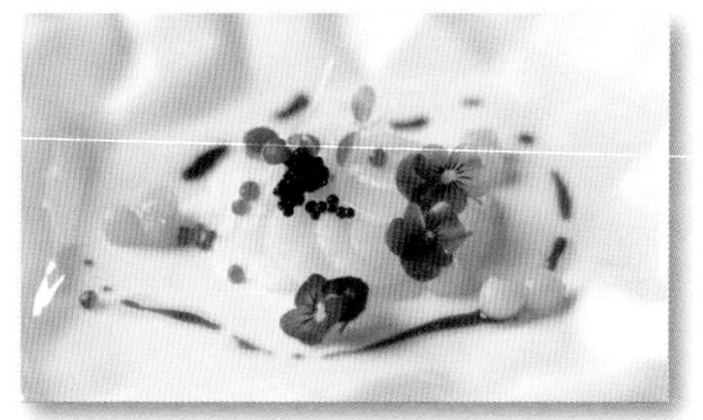

【鱼子酱带子】

【薰衣草红烧肉】

【鱼子酱金枪鱼】

【释迦果配巧克力慕斯】

【鲜果双皮奶】

【青豆汁口蘑】

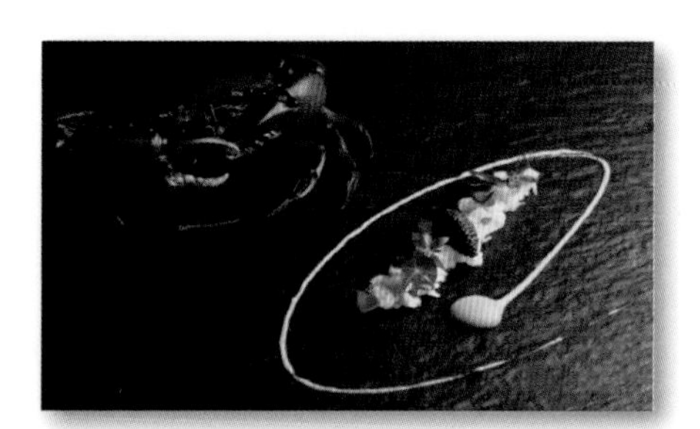

【沙拉酱珍宝蟹】

【仿真苹果甜点】

编后语

展望与反思

职业教育一定程度上就是就业教育。烹饪教学课程设置也应该跟随市场的脉动而适时变革，院校需要广泛地采集就业信息，多渠道、经常性地与用人单位保持密切联系，积极采取有效措施，为学生的就业拓展更宽广的就业渠道。果酱盘饰课程是专业技能的创新，更是教学思想的创新。只有解放思想，提升观念，大胆实践，勇于创新，我们的教研教改才能持续、有效、深入地进行。果酱盘饰课程的开设顺应了时代的变革，迎合了市场的需要，将果酱盘饰技能的学习升级为系统的专业课程势在必行。

果酱盘饰在教学实践中，重视教学盘饰作品的可操作性与实用性的联系，以强化职业技能、创新能力、鉴赏能力、团队协作能力为目标，着眼于学生职业素养和职业技能的全面发展和可持续性发展。课程授课计划的编排的学习目标、学习内容结构合理，教学结构循序渐进、层次分明、重点突出，时间分配合理、可操作、可落实。经过探索、研究，不断地细化、整合、开发出这门烹饪专业精品课程，希望能提高学生们的就业竞争力、就业率和就业质量。通过对果酱盘饰课程的学习，学生们将会在技术上更全面，更精益求精，在综合素质上更尽善尽美，更具有就业竞争力。

在职业教育中，厨艺的传承需要餐饮行业从业者、职教教师以及社会各界的共同参与课程开发，共同打磨教学模式，同心协力弘扬我国璀璨的餐饮文化。让职业教育与社会需求相得益彰，让技能教育与行业需求紧密结合，让我们的学生更好地服务社会！

致谢

回顾本教材的编写过程，大半年来不断收集、整理、思索、停滞、修改直至最终完成，在此期间我得到了太多的关怀和帮助，心中充满了感动、感激。

感谢餐饮行业从业者在技术上、工艺上给予的指导，在盘饰制作中给予的大力支持；本教材中少数图片来源于网络，由于无法查到出处和作者，在此对这些不知名的作者表示衷心感谢，如有问题请联系本书作者；感谢广西南宁技师学院领导对本课题的关怀、激励和帮助；感谢机电工程系各级领导对教育教学改

革研究项目提供的支持和资助；感谢烹饪（中式烹调）教研组全体老师在教材编写过程中给予的指导、意见和建议，本教材也凝聚着教研组集体的智慧和辛劳。

在此，表达我最诚挚的敬意和感谢！